がんばり屋さんのための、心の整理術

不那么坚强
也没关系

[日] 井上裕之——著
周 唯————译

北京时代华文书局

がんばり屋さんのための、心の整理術

不那么坚强也没关系

[日]井上裕之——著
周唯——译

北京时代华文书局

写在前面

不会向人撒娇、内心逐渐冰冷坚硬的你，不愿向人示弱、内心早已疲惫不堪的你，不允许自己出现哪怕一丁点儿错误、总是在责备自己的你……

这样的你，真的可以说是一个拼命三郎了。

但我相信,你也一定是一个内心柔软而温暖的人。

所以，从今天开始，请不要继续自责抑或是否定自己了。

请你在内心尽情地赞美自己，请你替我紧紧地拥抱自己。

因为，你真的已经很棒了。

无论是令人心碎的悲伤，还是让人感到羞耻的失败或是后悔，这些都不是我们生命中的过错，而是老

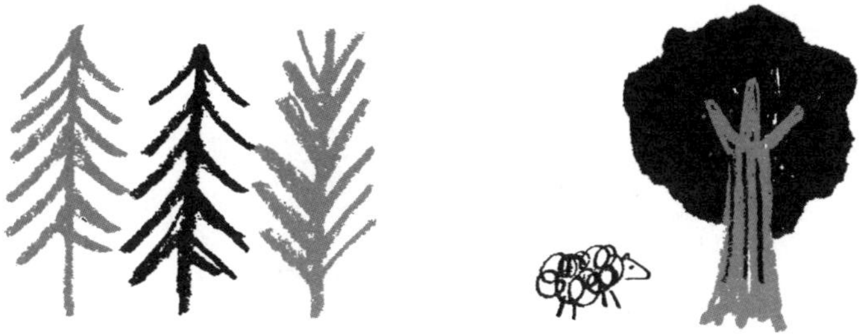

天给予我们的财富。正是它们，让我们的内心得以成长。

所以，亲爱的，你值得被爱，从来都值得。

你是这世界上独一无二的、奇迹一般的存在。

我想要通过这本书告诉你的，就是这个道理。

不管是怎样的伤痛，都请你不要再继续将它深埋心底了。

请温柔而结实地抱紧现在的自己。

当你回想起你最本真模样的时候，当你回想起你独有的、无可替代的那种精彩的时候，我相信，你一定能感受到潺潺流水流进你的心田。

这时候，请你侧耳倾听。

最开始的时候，这水声可能非常细微。

但是，只要你持续不断地肯定现在的自己，只要你继续紧紧地拥抱现在的自己，这涓涓细流，一定会变成一条滔滔江河。

然后，等你注意到的时候，你就会发现，曾经令你心碎的伤痛已然消失无踪。

而你的心里，早已盛满了让人雀跃的快乐、幸福和希望。

这才是你内心原本的模样。

当你开始坦然接受自己，当潺潺流水开始流进你的心田，曾让你痛彻心扉的伤痛，将再也不会在你的心间停留。

而这一切，永远不会太迟。

不管你今天身处怎样的环境，是多大的年龄，你都可以做到。

最后，你也一定会拥有远超你想象的、光明的、幸福的、充满爱和温暖的人生。

如果这本书可以帮到你，我会非常高兴。

目 CONTENTS 录

无可替代的珍贵的你

寂寞、心酸、悲伤、遗憾、后悔、痛苦……

人会在什么时候沉浸于这些负面的情绪中呢?

一是自己被人否定的时候，二是自己被人忽视的时候。这两种情况看起来非常相似，实际上却大不相同。

对方否定你,很可能是因为他觉得你妨碍到了他。正因为认同了你的存在，所以通过否定你来让自己占据优势。所以,如果你被别人否定了,请你原谅对方,然后平静地接受这样的想法。如果你可以做到这样,你的内心就会变得更加平和。

而自己被人忽视的情况就不那么简单了。因为被人遗忘，从某种程度上来说，要比被人否定或被人嫌弃更加让人心酸。

人类，其实是一种很弱小的生物。这个世界上，没有比不被人放在心上、被人忽视更加让人心酸寂寞的事了。而且，如果一个人长久处于这种状态，就会越来越没有自信，产生“我真没用啊”“我的存在就是一种浪费”这样的负面情绪，从而陷入一种消极思考的恶性循环中。

可我还是想要很坚定地告诉你，被人忽视也好，不被人放在心上也好,这完全不是一件值得伤心的事。你之所以会被大家忽视，是因为你已经融进了大家身边的环境，因此，大家已经把你当成一种“空气一样的存在”了。

可能你会觉得有些不可思议，但是当回想起另一个人的时候，人们脑海中基本不会浮现出一些很特别的情境，而是会想到一些更加平常的画面。比如说每天早上微笑着打招呼的画面，悠闲的午后一边喝着下午茶一边闲聊的画面，又或是风和日丽的假日在河岸边上一起散步的画面，等等。在想到这些画面之后，那个人才会意识到，他其实早已把你当成了生活中如同空气一般理所当然的存在。而这样的理所当然，让他忽视了这样一个无可替代的珍贵的你。所以，当你被别人当成空气一样的存在时，请你一定充满自信，因为这真的是一件非常值得骄傲的事情。如此一来，你不仅可以治愈自己内心的寂寞和伤痛，还可以用自己的存在逐渐治愈其他人的伤痛。而你，也会慢慢地，变成一种不被忽视的存在。

你的想法，我们都懂得。

变成易幸福体质的方法

不管做什么都不顺心。事业上一塌糊涂，人际关系岌岌可危，感情上更是惨遭分手……为什么人会这么不走运呢？我们都经历过这种走背运的时候吧。

那么，为了让我们自己的运气变得好一点儿，该做些什么呢？首先，我们要试着复盘一下最近的自己。其实说不定，是我们自己在不知不觉间破坏了自己的好运气。

比如说，你最近有没有经常对自己或是别人说一些消极、负面的话呢？你有没有总是穿一些灰暗的衣

服，去一些阴暗的场所，或是看了很多阴暗的电影呢？为了转运，你可能还会进行各种占卜，而通常经过占卜，你又会被告知一些更糟糕的事情。如此一来，你的运气也就变得越来越差……

如果你陷入了这种厄运的漩涡，对人生感到绝望的话，我想给你一些这样的建议：

让运气变好的基本条件，是让自己变得阳光，是下意识（运用潜在意识）地说出一些温暖的话语（运用言灵，也就是言语的力量），是接触一些可以让自己变得阳光积极的人、服装或是场所。当你整天都被这种明亮而快乐的氛围所环绕，幸运女神自然就会眷顾你。

久而久之，你的心理状态也会发生变化。一旦你开始寻求更好的结果，你终将获得更好的运气，或者可以说，一段更美好的人生。

亲爱的你，请一定试着让自己的一天充满了积极向上的话语或是明亮温暖的快乐。这样一来，你的心就会在不知不觉间忘掉不幸，而被幸福填满。你在潜意识的影响下也会开始慢慢地做一些让自己感到幸福的事情。也就是说，你会很自然地将自己变成一种“易幸福体质”。

虽然听起来可能有些矛盾，但是，和变成“易幸福体质”一样，接受当下的自己，告诉自己“没关系，你现在的样子已经很好了”也同样非常重要。如果你能做到这些的话，改变往往就发生在一瞬间。你将会慢慢变得越来越明朗，越来越幸福。因为在你的潜意识中，已经种下了一颗“肯定一切”的闪闪发光的种子。如此一来，你身体中的细胞也会变得更加活跃。让自己沉浸在一种明朗而快乐的氛围中，其实也是一种抗衰老的有效方式哦。

没关系，现在的你已经很好了。

不必一个人拼尽全力

总是拼尽全力的你，内心其实早已疲惫不堪。我相信，这样拼命的你，一定是一个比别人更加细腻、更加温柔、更加富有责任感的人。

也正因如此，你也一定经常被他人依靠，被他人需要。而正是由于这种被需要，你的工作开始变得越来越多。努力如你，不管是多么繁重的工作，总会微笑着圆满完成。于是慢慢地，你开始给大家留下了一种“只要把工作交给她就一定没问题”的印象，身边的同事也会开始渐渐地把越来越多的工作拜托给你。

而善良又极富责任感的你，为了不辜负身边人的期待，只能让自己更加拼命。即便如此，你依然不会去依靠别人，依然不会向别人撒娇示弱。虽然早已精疲力竭，但你可能还是会在内心这样自责：“遇到这点儿挫折就气馁了，这样的我还真是弱小又没用啊。”

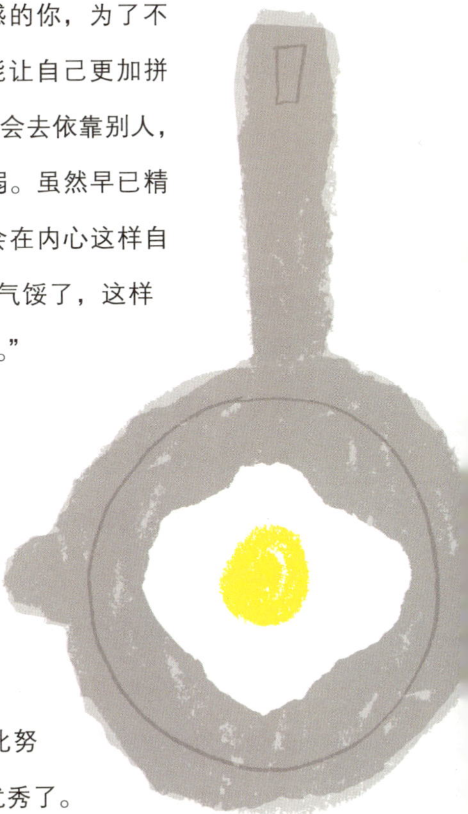

对如此善良的你，我有一些话想要送给你：

“无论如何，都请不要再继续这样努力下去了。一直以来都如此努力的你，真的已经非常优秀了。请你好好地接受自己，认可自己，赞美自己。另外，从现在开始，你要慢慢地学会借助他人的力量。要知道，借助他人的力量来让自己成长，这真的不是一件不好的事。”

就像在合气道这样的武术世界里，最大化发挥出自身力量的秘诀也并非是穷尽自己本身的力量，而是借力（借助对手的力量）。就像我，如果有人可以帮我做我不擅长的事情,我会很乐意地向他们寻求帮助。我的观念就是，硬要做一些自己做不到的事情，其实就是在浪费我们的时间和精力，就是在浪费我们宝贵的人生。

如果你现在已经拼尽全力，身心俱疲，请先给自己一个结实的拥抱，告诉自己：“一直以来，你真的很努力了。”“你非常厉害！”“你已经很棒了！”……然后，在接下来的人生旅途中，请你一定好好地学习如何借助他人的力量。

当疲惫的心开始慢慢恢复的时候，请一定要试着找一个属于你自己的“能量伙伴”。其实“能量伙伴”也好，其他名号也好，都只不过是个称谓而已。他可以是工作上和你互补的人，也可以是让你感到心安、给你勇气和信心的人，可以是你的同事、朋友，也可以是你的家人、恋人。

我相信，比别人加倍努力的你，一定会找到一个和你一样优秀的能量伙伴。放松紧绷的神经，用一颗诚挚的心去感受，你就会惊奇地发现，你的能量伙伴其实就在你身边等待着你。

你已经非常努力了哟!

把想说的话说出来

很多人都会觉得，把自己的真实想法说出来的话，很有可能会损害两人间的关系。所以我们把很多真实的想法都悄悄藏在了心底。如此细心而善良的你，一定也有着这种出于人际关系的考量吧。

但事实与我们想象的恰恰相反，那些发自内心的坦率想法反而更容易被他人接受。比如说，面对婴儿天真无邪的哭闹，大人们大多会满足他们的要求。因为婴儿的要求简单纯粹，而且目标明确。他们很清楚自己想要的东西、想要做的事情。

反倒是很多大人，做不到像婴儿那样坦率地表达自己的想法。说话之前，总是怀着“我这样说会不会被嫌弃啊”“会不会给对方添麻烦啊”等顾虑。其实你越是这样拐弯抹角地说话，对方就越搞不清楚你的真实想法。如此一来，你反倒会陷入一种更紧张的人际关系中。但我相信，这样的你，其实是一个充满同情心、总是先人后己、心地善良的人。

其实真的没有人规定你一定要隐藏自己内心的想法，所以，想说的话就勇敢地说出来吧。遇到想要的东西就坦率地说“我想要”，遇到想做的事情就坦率地说“我想去做”。如果总是抱有“如果我这么说了他会不会讨厌我啊”“这样说会不会让他不高兴啊”这些想法，你的内心就会因为恐惧而更加闭塞，从而产生难以解开的心结。而当你开始坦率地说出心中所想时，在你的内心就会产生一种良性循环，你心头的阴霾也会逐渐消散。而且我相信，这些从你内心流露的真诚话语，一定可以为对方所接受。

当你开始像婴儿一般坦率地表露自己的心声，你就会发现，不仅你的想法更容易被对方接受，而且你还会得到更多意想不到的收获。其实，“如果说出来的话会惹人讨厌”的想法是你自己在心里预设好的一个前提。如果你带着这种预期，就会无意识地将这种想法传递给身边的人，而最终招致别人的反感。相反，如果你可以敞开心扉，真诚而坦率地向对方表达自己的想法，最终，你也一定会收获同样真挚的回馈。

所以，请你坦率地将自己想说的话说出来吧。哪怕是一句话也好，请你试着真诚而直接地表达出自己的想法。不管什么时候，我都会在心里为你的坦诚而加油。

不要害怕，坦率地说出你真实的想法吧。

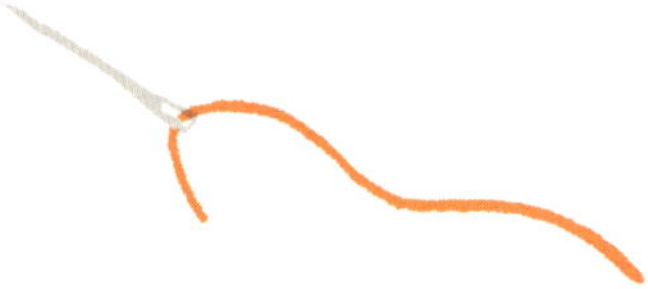

怎样建立良好的人际关系

我还有一件事情想要告诉正苦恼于人际关系问题的你。那就是，处理人际关系的第一秘诀是“认可对方”。

我在和患者、员工或其他形形色色的人接触的时候，做的第一件事就是百分百地认可对方，百分百地接纳对方。这可以说是人际交往时最重要的一件事了。比方说，我希望对方可以尽早把文件拿给我，可他总是出于种种原因不能做到。遇到这种情况，我不会生气或是急躁，而是想着“原来如此，原来我和他不是

同一类人啊”，然后平静地接受他没有尽早把文件拿给我这件事。而且我会觉得，自己与他的不同，都是上天为了让我成长才让我意识到的。抱着这样的想法，我非但不会生气，反而会心存感激。

对我来说，和与自己不一样的人接触，是一件非常值得高兴的事情。能力的不同、兴趣的不同、价值观的不同……我们其实不应该把它们当作自己生气、焦躁的根源,而是应该把这些不同视作一颗埋在心中、让我们可以得到成长的喜悦的种子。

之所以会这么想，是因为曾经当我思索究竟如何才能使自己获得更好的成长的时候，我突然意识到，正是因为人与人的这份不同，才使得人际关系得以维持一种良好的平衡。从那以后，我就会常怀着一份感激的心情，想着："是啊，就是因为不同才会平衡。"

也就是从那时候开始，曾经让我苦恼、焦虑的人际关系开始变得豁然明朗，以一种连我自己都会觉得意外的速度，变得越来越和谐美好。我相信，当你开始转变你的想法，你的人际关系也一定会慢慢向好的方向发展。

不过，如果此刻的你正饱受人际关系带来的伤害，承担着巨大的压力和心痛的话，你首先要做的，是好好地认可自己，夸赞自己，然后再给自己一个温暖而结实的拥抱。接下来，请你柔声地把下面的话告诉自己：

“相信自己，你一定会好起来的。你是为了获得幸福才来到人世间的，所以，其实你每一天都在追寻幸福的路上。可能当下你觉得并没有收获想要的幸福，但这其实只是因为我们在追寻幸福的时候，想法和做法上出了一点点小问题，而这些小问题马上就可以解决。你遇到的这些问题，其实是为了让你获得更好的成长。当你开始意识到这一点的时候，我相信，你的人际关系一定会朝着一个更好的方向发展。”

而这些，也都是我一直在践行的想法。

正是因为人与人的不同，

才使人际关系可以维持一种良好的平衡。

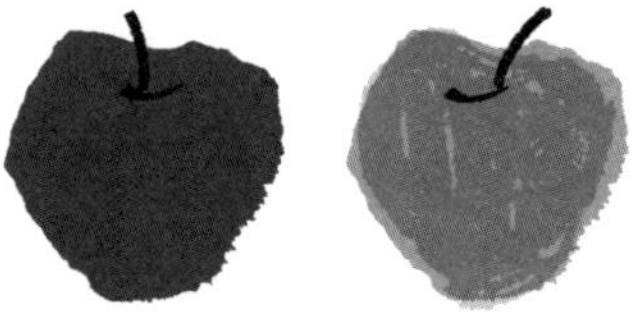

无论如何都很讨厌的人

总是注意到别人身上讨人厌的地方的你，其实是一个内心细腻、自我要求严格又聪明的人。所以可能你经常会有这样的烦恼："为什么我就不能多看看别人身上好的地方呢？"

以后，就算你只能看到别人身上讨厌的地方，也请告诉自己："这样其实也没什么关系。"然后，请你冷静地接受这样的自己。在心痛慢慢平复之后，请你好好地寻找自己身上的优点，然后发自内心地用这一条一条的优点表扬自己。

其实，人之所以会对他人持有一种消极的情感，是因为在自己的潜意识中，有很多自我否定的消极意识。所以，即使是再小的闪光点也好，请你好好地表扬自己，只有这样才能在潜意识中产生出更多积极的意识。这样一来，就算你不刻意去忽视他人身上惹人讨厌的地方，也会自然而然地慢慢关注到对方身上的闪光点。

如果在相处中只注意到对方身上讨人厌的地方，只会招来很多不愉快。与之相反，如果可以发现对方身上的闪光点并真诚赞美的话，你就会发现，你的身边会越来越多地聚集起幸福的人和事。不仅如此，内心积聚的负面情绪也会得到净化，心灵也好、身体也好，都会变得更加纯净美好。这样一来，不单单是人际关系，你的人生也会朝着更好的方向发展。当你懂得了这种机制，你就会自然而然地明白，只注意到别人不好的地方，或是对别人诽谤中伤，这些其实都会

反过来对自己产生负面的影响。慢慢地，你就会成长为一个只会看到对方身上闪光点的人。

自己对别人说的话其实也会反作用到自己身上，当你切身地意识到这一点的时候，你就会很自然地选择使用美好的言语。

不过，如果你遇到一个实在是道德败坏的人，规劝他向善也绝不是一件坏事。但就算是规劝，也请不要怀有怒气，而是怀着一颗盼望对方变好的心。家长教育孩子的时候也是如此，即使是同样的“你这样做是不对的”，家长说这句话时心情不同，产生的效果也会截然不同：有的会让孩子乖乖听话，有的则会引起孩子的反抗。成人世界其实也是如此，有的劝言是出于为对方着想，而有的劝言则完全是出于自己的愤怒。为对方着想的劝言通常都非常简单而纯粹，可以更容易地被对方接受。所以，当我们规劝他人的时候，放下心中的怨气，以一种更加温和的方式说出来才会更加有效。而这也是减少我们身边讨厌的人的诀窍之一。

谁都会有讨厌别人的时候，
请接受这样的自己。

当人际关系变得错综复杂

学校也好，职场也好，家长群也好，当你发现这个圈子的人际关系变得复杂而混乱，请你一定不要从自己身上找问题，从而陷入自责中。如果你实在是忍受不了那种氛围，逃离那个圈子也未尝不是一种好办法。而你也无须为你的逃离而感到自责，因为被混乱而荒唐的人际关系所伤害的你，本就是一个温良敦厚之人。

当心痛稍稍平复后，也请你认真地进行一下复盘，客观地思索一下：为什么身边的人际关系变得这么错

综复杂了呢？在进行这种复盘的时候，如果是因为霸凌或欺侮这些伤害才逃离这段人际关系的话，很多人都会把它归结为自身的原因，觉得是因为自己太弱小了才会如此。其实，从这种人际关系中逃离只是第一步，你还要客观地分析一下自己逃离的原因。最终你会发现，在这段人际关系中，虽然你自身也存在一些问题，但最根本的问题还是因为对方与自己价值观的不同。当你开始意识到这一点的时候，你就已经是一个人生赢家了。从一段错综复杂的人际关系中逃离，成长，再进入下一段人际关系。这样的你，一定会成为一个人生赢家。

当你开始客观地看待那段复杂纷乱的人际关系，并最终决定逃离或是远离它的时候，你完全不用愧疚自责。因为你来到这个世界上的目的，本就不是为了帮助你身边的人成长。你降生的意义，是为了让自己获得幸福。

当你再慢慢进入下一阶段，就会发现，你已经不会那么介意对方的事情了。因为这个时期的你，已经站在了一个比对方更高的层次上。接下来，请你再试想一下这个画面：随着一步步的成长，你终于站在了一个对方无法企及的高度上。当开始这样想的时候，你心中所有对对方的憎恨，都会化作成长的动力。而这样积极的你，一定会被幸福和美好所环绕。

最后，我还有一点想要告诉被霸凌或被混乱的人际关系所伤害、内心却充满自责的你。那就是：无论何时，都请相信自己，相信你所做的事情都是正确的。面对错综复杂的人际关系，有的人会选择和对方和解，但可能以失败告终。也有的人选择彻底地逃离这段关系……其实，这些选择都是正确的。因为你所选择的，都是为了让自己成长从而获得幸福的经验。

人生，充满了无尽的选择。

如果你可以记住我说的这些话，在潜意识的影响下，你所做出的选择一定会变得越来越正确、精准。

选择逃避并不是错误。

享受孤独

一个人的夜晚，总会觉得无比孤独，陷入一种寂寞的悲伤：世界上可能不会有人惦念着自己了吧。如果你也有着这样的想法，那么请你好好地问一下自己“孤独”的意义。

你真的孤独吗?

如果答案是“是”的话，请你再问问自己：你真的讨厌孤独吗?

当你这样问自己的时候，你很可能会对“孤独”这种状态产生不一样的看法。

我就是一个非常喜欢孤独的人。

我不会想要结交过多的朋友，也不会想要加入某个固定的组织。因为在我看来，孤独的意义就是：拥有很多选择的自由。我也一直认为，孤独的人其实是最自由的人。

家人也好，同事也好，如果总是奔忙于各种交往之中，我们就难免要做出很多违背自己意愿的事情。这样一来，在潜意识的作用下，就会发生很多和自身意愿不符的坏事。而最终，当你意识到很多你想做的事情、你应该做的事情都没做成的时候，你很可能会产生一种自己的人生都是为别人而活的想法。

而孤独的你，此刻正享有极度自由的人生。要我说的话，孤独的人可以算是时间管理的专家了。不会有别人来占用自己的时间，自己的人生由自己百分百地掌控。这可以说是非常自由快乐的人生状态了。

但如果你还是一心想要改变当下孤独的状态的

话，你首先要做的，就是真诚地接受孤独。就像我刚刚说的那样，如果我们换个角度看，孤独其实也是一种非常自在的状态。所以，感到孤独寂寞的你，请好好地发掘一下一个人自由支配自己时间的幸福。

这样的话，一个人的时候，你就不会一直把自己关在房间里，而是会想着要不要一个人出去旅行看看呢，或者学点儿有意义的东西，又或者搞搞研究试试……慢慢地，你就会学会利用一个人的自由时光去做更多有意义的事情。而这样的你，在自身不断积极成长的同时，也会吸引来更多真正意义上的朋友、恋人和家人。

所以，你完全不用因为孤独而感到羞愧。孤独，是上天赐予你的、让你的身心得以成长的最宝贵的礼物。

一个人的时光可以让人成长。

当你没有自信的时候

总是感到没有自信，莫名自卑，即使是做梦都会灰心丧气地梦到自己一无是处。久而久之，整个人都被自卑的情绪所控制，甚至开始怀疑人生。这种情绪确实会让人备受折磨。

一旦你陷入这种情绪之中，你首先要做的就是认可自己。哪怕是一个微不足道的闪光点，也要给予自己充分的认可。比如说，如果单看相貌的话，我肯定不如好莱坞明星那般光彩照人。但是在相貌上领先于我的明星们并不一定懂得口腔问题，而身为牙医的我

却可以帮大家治疗牙齿。我总是会一边这样想，一边给予自己充分的认可。

通过这样一件件小事的积累，你就会变得越来越自信。接下来，你会惊奇地发现，那些曾让你灰心丧气的自卑情绪早已在你不知情的情况下悄然消失了。

自信，并不是由他人赋予的。自信与否，也并不由他人的评判决定，而是由你自己决定的。虽然没有什么切实的根据，但我一直相信，当你变得越来越自信时,这种自信也会传递给你身边的人。然后渐渐地，大家就会对你的自信表示赞许，你与身边人的交往也会变得越来越顺畅。

比如说，当你在服装店试衣服的时候，如果你总是想着“我的体型这么难看,就算试了也不会合身吧”的话，店员就也会抱有这样的想法。但是，如果你拿出自信来，和店员说“应该还有更适合我的衣服吧，麻烦你拿来看看”的话，店员也就会更加认真地帮你找更合适的衣服。而且，一个充满自信的人穿衣服也会更加好看。我就是如此，就算是去海外的高级名品店，我也会自信地说:“一定要把我打扮得最好看哦。”其实这样做不会给任何人造成困扰，当我买下了一件好东西，我也完全不会觉得害羞或是为难。

所以，也请你好好地发现自身的优点和魅力，请你真诚地给予自己认可,并试着培养自己“绝对自信”的情绪。别人说什么也好，毫无根据也好，哪怕最初的自信只是自己盲目的错觉也没关系。这种自信的情绪，一定会让你的现实生活焕然一新。

一个没有自信的人，永远也不会放手去追逐自己的梦想。如果你能够坚持从日常的点点滴滴开始，慢慢地积累自信，最终，你就会发现，曾经笼罩在心头的雾霾已经消散，你的世界早已变得无比开阔通透。而拥有了绝对自信的你，一定可以朝着心中的梦想迈出坚定的第一步。

无端自信未尝不是一件好事。

每天为自己加油打气

积极的话语，有着你意想不到的价值。随着调查的深入，我越来越发现，语言，真的蕴含着足以改变人生的巨大力量。

曾经有一段时间，我总是疑惑于为什么同为人类，有的人很成功，有的人却并非如此。经过一番调查后，我才深切地感受到，除去那些与生俱来的才能，语言的运用竟然真的可以左右一个人的运气和幸福。也就是说，积极的话语对你的幸福起着很重要的作用。

但是，不管是多么积极的话语，如果你没有发自

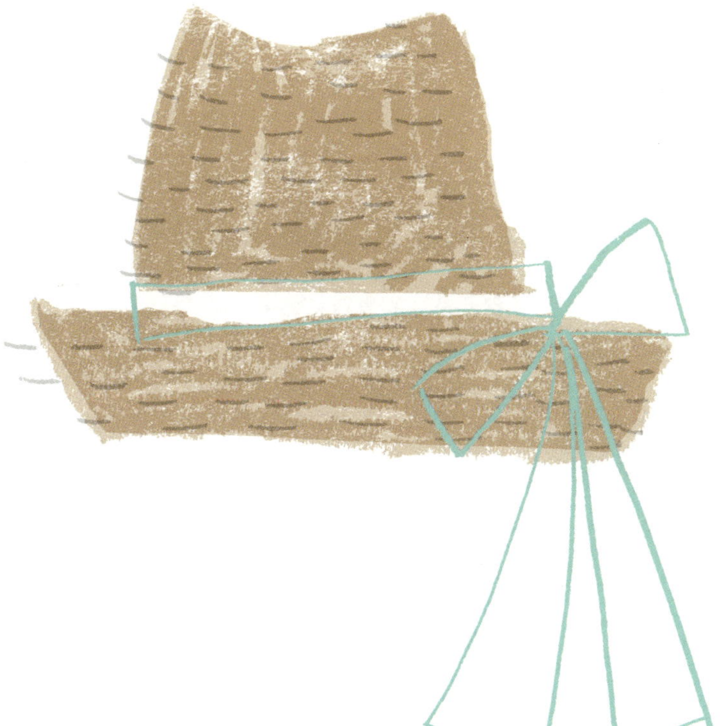

内心地认可它们，而只是嘴上说说“我的运气可真好啊”“我什么都可以做到”之类的话，这些话语就不会被你的潜意识所接受。所以，我给你的建议不是这样不自然地表达，而是让你发自内心地去使用积极的话语。

秘诀就是，不管是多么稀松平常的小事，都请你利用它们给予自己充分的肯定和赞美。

比如说，今天早上在闹铃响之前就自然醒了，用漂亮的小花装饰了屋子，泡澡之后认真地涂了身体乳进行身体护理，认真地做了一餐饭菜，向同事说了声谢谢……每天，当你做了这些积极的事情之后，请一定不要忘了给自己一句真诚的鼓励：“我可真厉害呀。”“我做得可真棒！”

这样一来，日积月累就会形成一种习惯，你就会开始自然地对自己和他人都运用积极的话语。与此同时，你心中潜藏着无限可能性的潜在意识也会逐渐得以净化，被积极向上的情绪所充盈。在这种潜在意识的作用下，现实世界中的你也会逐渐被幸福的人、事、物所环绕。也就是说，积极的言语可以让我们的潜在意识也变得更加积极。

当我们的潜意识变得更加积极，只要继续坚持每天运用积极的话语，就可以维持住这个状态。你要做的，就是充分相信这个方法。你越是相信它，你的潜意识就会越具有活力，越能激发出你自身的无限可能性，并最终帮助你实现愿望、获得幸福。这就好比婴儿会百分百地依赖、信任自己的妈妈，而妈妈也会不惜一切代价为宝宝的幸福努力一样。

无论是多么微不足道的闪光点，
都请你好好地夸夸自己。

珍惜“一小步”的前进

想要充分发挥出潜意识的作用，还有一点也很重要，那就是：切忌焦虑。也许此刻的你，正承受着难以言说的心痛，哪怕只早一天也好，也想赶快从那种穷途末路的状态中解放出来。对于这样的心情，我感同身受。也正因为如此，我才更希望你可以放下心中的焦虑。比起“一大步”来说，我希望你可以更加留心那些“一小步”的前进。因为和“一大步”相比，“一小步”的成长其实才是将你引向美好人生的捷径。

请你先给自己设定一个小目标，然后朝着这个目标一小步一小步地前进。当你坚持不懈地朝着这个小目标努力，并最终达成的时候，你的自信心也会得到提升。而这种自信和成功的喜悦，将会成为你朝着下个小目标奋进的原动力。随着孜孜不倦的积累，你就会发现，你前进的步幅已经在不知不觉间大了很多。最初的一小步，绝不仅仅是那一小步，它会慢慢变得越来越宽广，助你加速度地成长。但是，如果你在一开始就给自己设定一个宏大的目标，并且想着要一步到位实现梦想的话，现实往往会不尽如人意。如此，你就会陷入一种“唉，不行啊，即使加倍努力也不行啊”的自我否定中。当你进行自我否定的时候，这种否定的能量就会影响你的潜意识。而这不仅不能帮助你往前进，反而会给你拖后腿。这就是“挫折”产生的原因。

所以，我给你的建议是，相较于大踏步式的前进，一小步一小步地前进其实更加合理。此外，在你朝着

目标前进的时候，请你把关注点多放在“已经”，少放在“还要”上。因为，比起想着“我还要做到更好”来说，“我已经做得很好了”这种想法，更不会让人轻易陷入自我否定、身心俱疲的状态中。

其实，即使只是一小步，也有踏入野兽出没的山野小道，或是游荡到悬崖峭壁边的风险。又或是被恶劣天气影响了视线，比想象中多花了几倍时间。

但是，即便如此也没有关系。

从你下定决心，决定即使是再小一步也要勇敢迈出的那一刻开始，你心中的罗盘就已经为你指明了前行的目的地。花费再多的时间也好，只要朝着心中的方向一步步前行，你终将抵达梦想的彼岸。不过，在你觉得迷失方向、感到不安的时候，也请不要强迫自己往前走。因为有时候，后退也是为了更好地前进。而前进路上，最重要的一点就是：不要放弃。当你想要放弃的时候，想象一下梦想实现时的画面，你心中的阴霾就一定可以被驱散。而接下来你要做的，就是继续坚持，一步一步地踏实前行。追逐梦想的路上，请你怀着“已经”而不是“还要”的积极心态，从每一小步开始积累。你走出的每一小步，都是治愈内心伤痛、将你引向幸福人生的至高至善的捷径。

只要不放弃，

后退也是为了更好地前进。

平息愤怒和焦躁的情绪

感到愤怒和焦躁的时候，内心备受煎熬。但是，你又不知道该如何做是好。这个时候，请你试着站在一个局外人的角度来看看。

当你陷入错综复杂的感情漩涡中无法自拔的时候，请你试着从中抽身出来，站在一个更高的角度，以一个局外人的身份来思考。又或者，你可以试着把现在这个愤怒的自己想象成屏幕中的角色，而你则是一个旁观的观众。如此，你就会发现，那些愤怒、焦躁的情绪已经神奇地平息了下来。

我在给患者做手术的时候，也一定会创造出一个局外人的视角。就算是被见习医生围观也好，或是遇到什么复杂的情况也好，我都可以一边细致地进行手术操作，一边站在一个更高的角度纵观整个手术室的情况。这样一来,哪怕是遇到一些预料之外的糟糕情况，我也可以控制住焦躁的情绪，冷静地进行应对。

如果你可以每天循序渐进地进行一些训练的话，你也一定可以创造出你自己的局外人视角。比如说，当你和朋友喝茶聊天的时候，请你试着在脑海中想象一下你当时穿的衣服、喝茶的动作，然后把它们想象成一个电视剧或者电影画面。接下来，请你再试着想象一下你喝的茶水的温度、茶叶的香气。甚至可以再想象一下，你们闲聊的时候，对方脸上心领神会的笑容……这样一来，你的五感就会得到训练，你就可以慢慢创造出一个你自己的局外人的角度。当你学会了这个方法，你不仅可以平息心中的愤怒和焦躁，还可

以将自己的人生引向更加幸福和成功的方向。

愤怒只会招致愤怒。因为愤怒作为一种力（power），在作用力和反作用力的影响下，向对方发泄的愤怒最终会反弹到你自己身上。

正如愤怒会招致愤怒一样，信赖和关怀也会带来更多的信赖和关怀。而且，相较于愤怒来说，它们有着更强大的力量。以上,都是我想要告诉你的经验之谈。

如果这个局外人视角的方法可以帮你稍稍缓解愤怒和焦躁带来的伤痛的话，再请你轻声地将下面的话说给自己的心：

“如果我给予对方信赖和关怀，就一定能收获更多的信赖和关怀。”

让你冷静下来的，是另一个自己。

让内心不再悲鸣

夜里翻来覆去地睡不着，到了早上又疲惫乏力得不想起床。陷入这种状况的你，内心每天都在隐隐作痛吧。除了内心的隐痛，你很有可能还会因为这种晚上睡不着、早上醒不来的状态而陷入一种“自己真差劲”的自责中。其实，这种自责是完全没必要的。晚上睡不着、早上起不来的这种不明原因的症状，其实是你的身体和内心给你发送的信号，它们想要告诉你：“放松一下吧，不要太拼了。”所以，当你陷入这种睡不着、起不来的状态时，请你放宽心去对待它。处理人际关系时，处理工作上的事情时，我们总会给自己设置很多“必须要这样做才行”“一定要那样做才行”之类的条条框框，使我们的心被紧紧束缚住。而我想请你试着冲破这种束缚，将这些条条框框完全抛在脑后。然后，再请你温柔地告诉自己：“就算不再继续努力下去，现在的你，也已经非常棒了。”

这样一来，你就会从“我必须要……”的束缚中解放出来，你的心痛也会慢慢平复。接下来，你就可以从容地思索下一个问题了：“如何让自己的身心每天都保持一种健康快乐的状态呢？”

“生活中不会总是充满快乐的事。”可能很多人都会这样说，但我想告诉你的是，这其实只是大家的错觉。比如说，我们很多人都会觉得工作一点儿也不快乐。但是工作可以使我们成长，而成长对于所有人来说都可以算是一件乐事。所以，换个角度来看的话，不快乐的工作也可以变成一件使我们快乐的事。人际关系也是如此。我们都觉得遇到讨厌的人很烦，但如果换个角度来想的话，和讨厌的人相处其实也在一定程度上帮助我们成长了。也就是说，遇到讨厌的人其实也是一件值得高兴的事。

但是，如果你发现对方和你三观严重不合的话，

也请你不要犹豫，赶快把他清出你的人生。通过这个举动，你也可以收获小小的快乐。可能你觉得现在你一天里面 80% 的时间是不快乐的，但当你开始慢慢转变自己的想法，这 80% 的不快乐就会慢慢减少，变成 70%、60%、50%……然后在某一天，你就会惊喜地发现，你一天中的大部分时光都被快乐填满了。这就是让你的身心恢复健康的时间管理小诀窍。

如果继续坚持这样的时间管理，你就会发现，积攒在心中的压力也在慢慢减少，取而代之的，是暖暖的幸福感。而你整个人的气场，也逐渐朝着好的方向转变。最后，当你意识到的时候，你就会发现，曾经困扰你的睡不着、起不来的烦恼，早已悄悄消失无踪了。

为了不让内心饱受折磨，
请告诉自己：没有什么事是必须要做的。

和压力相处的方式

被工作和人际关系的压力折磨得疲惫不堪的你，一定是一个比别人更加努力、认真的拼命三郎。所以，请你紧紧地拥抱自己，鼓励自己。当你的心痛稍稍缓解后，请你接下来一定试着多和能给自己带来正能量的人相处，多去一些能给自己带来正能量的地方。

你所感受到的压力，其实是上天给你发出的一个信号，想要借此告诉你：你的身心正处于一种能量不足的状态。所以这个时候你要做的，就是真诚地接收这个信号，小小地奢侈一下，去景观优美的酒店喝喝

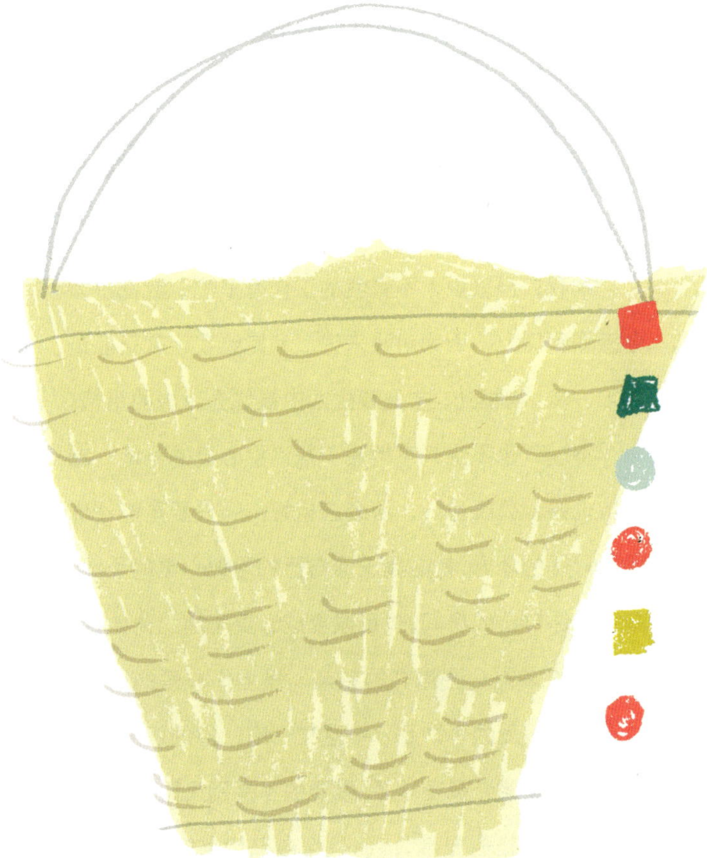

下午茶，或是约三五好友见面畅聊，再或者好好地美餐一顿……总之就是做一些可以给你的心灵和身体充电的事情。这些事情不仅可以消解压在你心头的压力，更可以使你的内心得到成长。这对于你的人生来说，也是十分宝贵的。

拿我自己来说，不管我的工作有多忙，我都不太会感受到压力。因为对我来说，和能给我带来正能量的人、事、物相处，才是我生活中最优先考虑的事情。

不过，也不用刻意地去一些治愈心灵的圣地。咖啡馆也好，公园也好，服装店也好……只要是能让你感到舒服的地方，都是属于你自己的治愈心灵的圣地。就算是你自己的房间，也可以变成心灵圣地。比如说，在房间里装饰一些漂亮的花朵，摆上你心爱的照片，放上一些可爱的小饰品……这样一来，你的房间就是你的私人专属心灵圣地了。重要的不是别人跟你说“这个地方很有正能量哦”，而是你自己切身感受到正能量，并且对此坚信不疑。这种坚定的相信，是你追求幸福的路上极为重要的助力。所以，当你坚信一个地方充满正能量时，它就会如你所愿。

比别人更加努力、拼命的你，可能也更不擅长宠爱自己吧。对于这样坚强的你，我想告诉你的是：

并不是只有试炼和苦难才能使我们成长。幸福和喜悦也同样是我们成长过程中重要的一环。所以，请你一定不要总想着“只有我这么幸福真的好吗？”“我这样偷点儿懒没问题吗？”，而是堂堂正正地接受这些想法，为你自己带去更多的幸福和喜悦。

如此一来，不仅仅是你自己，你的工作和你所处的环境也会受到非常积极的影响。

请你好好地宠爱自己。

一种叫作“忧郁”的宝物

时常感到迷茫、忧郁的你，一定是个细腻、认真而且善良的人。也正是因为总是一直细腻地照顾对方的情绪，才会使自己的心陷入疲惫。在我看来，这样的你可以说是一个非常认真而且善良的人了。其实这个世界上，还有很多懒散、迟钝的人，也在精神抖擞地生活着。所以，请你一定好好地给自己的心放个假。因为现在的你已经非常出色、非常优秀了。

另外，也请你一定不要再继续自责了，请你抱着“现在这样已经非常棒了”的想法，给自己一个结实

的拥抱。其实，陷入忧郁的你，肩膀上的担子要比别人更沉重。相较于那些没有压力的人，承受着压力的你有着比他们更出众的能力。很多别人没法理解的话语，只有你可以做到感同身受。很多尴尬的场面，也只有你才能化解。敏感而忧郁的你，其实有着常人没有的特殊魅力。换句话说，现在的你，真的已经非常棒了。

而且，就算你需要依靠药物治疗，也一定不要总是抱着“我会不会变成一个药罐子啊”之类的想法，从而陷入深深的自责。因为需要依靠药物治疗的，并不仅仅是抑郁症啊。就像那些心脏不好的人、肾脏不好的人，他们也同样需要通过药物来治疗。所以，就把治疗抑郁的药物当成一种特殊营养品就好。

如果是你身边的家人、恋人这些对你很重要的人陷入抑郁的话，也请你不要怀着“我什么都做不了”的想法而陷入自责。因为其实什么都不做就是最好的做法。这种因为抑郁或是其他病症而稍稍在人生路上迂回绕远的行为，真的是一件非常棒的事情。可能乍一看，你会觉得这种绕远路的行为是在浪费生命，但其实它才是让我们的人生充满内涵和魅力的宝物。

我就非常喜欢做这种绕远路的事情。比如说我在查东西的时候，比起用电脑轻松地搜索，我更喜欢绕些远，慢慢地翻看字典查阅。因为这样我可以获得更多的知识，可以使我的心灵成长得更加丰盈。

忧郁也好，失败也好，挫折也好，绕远路也好，这些其实都是我们人生的宝贵财富。所以，如果你身边的家人朋友遇到了这些情况，请你发自内心地鼓励他们，理解并接受他们。

人生路上绕些远，
可以发掘出你更深层的魅力。

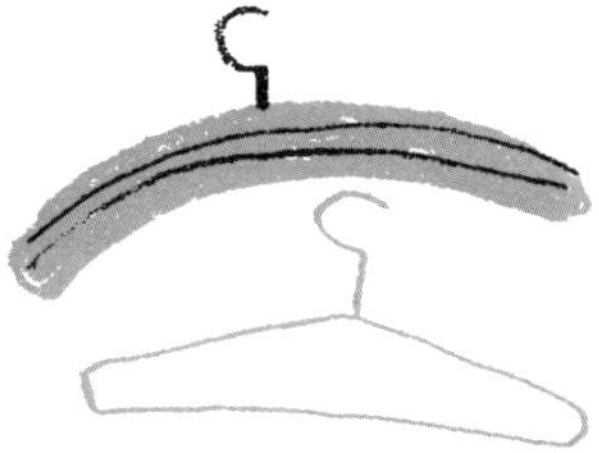

从忌妒的枷锁中解放出来

所有人的心中，都埋藏着一颗忌妒的种子。那么，我们究竟会在什么时候对他人产生忌妒的情绪呢?

对于很多人来说，都是在与他人比较，发现自己更差时才会感到忌妒。比如说，发现别人的工作比自己的更好；发现别人比自己更有钱；发现别人的追求者更优秀；恋人也好，美貌也好，发现对方拥有很多自己没有的东西……在这种和他人的比较中，你会渐渐迷失自己，失去自身的无限可能性。因为在和他人进行比较的时候，你的价值观就被限定在了“自己和对方”这个狭隘的小世界里。

而这，实在是一件非常可惜的事情。

首先，忌妒会扰乱你的情感，而这种混乱的情感会引发很多负面的东西，甚至影响到你的现实生活。忌妒心，会将你所有美好的可能性都扼杀在摇篮里。所以，我想要告诉现在正被自己的忌妒心所折磨的你：请你真诚地认可并接受现在的自己。

站在一个更宏观的角度来看，你的身上一定潜藏着你的忌妒对象所没有的、你独一无二的闪光点。但是，如果你把自己困于“赢过对方”这种狭隘价值观中，你就没办法发掘出自己身上的闪光点。也就是说，你的忌妒心会大大减少你自身的无限可能性。

所以，当你被忌妒的情绪纠缠时，请先充分肯定属于你自己的无限可能性。接下来，在忌妒的心绪稍稍平静后，请你再试着尽可能地发掘出自己的优点和魅力。如果你实在做不到这些，改变自己的

环境和视角，不再去和你的忌妒对象比较，也不失为一种好方法。

如果你现在正被他人的忌妒心所伤害的话，也请把它当成是上天赐予你的助你成长的礼物。确实，忌妒别人是一件很痛苦的事情。但是被他人所忌妒的人，其实也承担着巨大的痛苦。所以，当你遭人忌妒的时候，请千万不要责备自己。你可以想着，这其实是上天给你的一个启示，提醒你继续登上下一个人生的台阶的时机到了。带着这样的想法，你就可以继续坚定而稳健地踏上自己的征程了。慢慢地，你的心痛将会被治愈，而你，也会渐渐远离忌妒的旋涡，走上属于你自己的、充满了无限可能性的美好人生路。

当你把自己从忌妒的枷锁中解放出来，
你的人生就会拥有更多可能性！

热爱现在的自己

已婚也好，未婚也好，当我们随着年龄的增长，进入 20 岁、30 岁、40 岁、50 岁……可能很多人都会陷入这样的思考：这样的人生是我想要的吗?若是当时做出了不一样的选择，我的人生会不会有所不同呢?

而这样的思索带给我们的，是难以对他人言说的心痛。

对于抱有同样心痛的你，我想说的是，每个人的人生都不是失败的。人生中幸福的条件绝不是你结没结婚，要没要孩子，找没找到工作。

话虽如此，但可能在你心中，还是会想要尝试体验一下不一样的人生路。不过，这只是你表层感情支配下的想法，更深层的你其实并非这样想。因为你现在的人生，已经是深层的灵魂为了让你更加幸福成长所创造的最好的结果了。

所以，请你真诚地认可并接受你现在的人生。你完全没有必要对自己已经选择的道路做出一些类似“如果那时候我……就好了”的质疑，更没有必要因为这些质疑而陷入深深的自责。你要做的，就是紧紧抱住当下的自己，告诉自己：一路走来，你做得真的很棒。

这样一来，你的心痛就会在不知不觉间消失无踪，你的人生也会变得越来越轻松愉快。而你日益丰富的

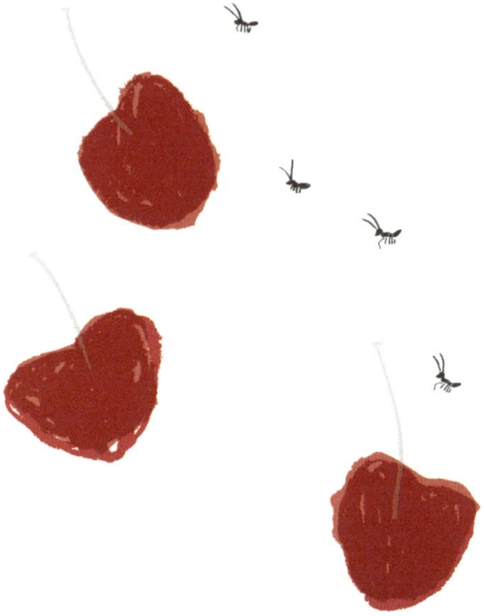

内心，会为你的人生带来更多幸福。

人际关系也好，工作也好，恋爱也好，家庭也好……当你能够百分百地认可并接受现在的人生和命运时，你一定会听到幸福的敲门声。因为你现在所走的这条人生路，其实已经非常光明而宽阔了。

此外，当你在人生的岔路口犹豫不决时，找一个人生榜样也不失为一种好方法。比如说，你现在是独身一人的话，那就也找一个独立生活的女性榜样，了解一下她的价值观，学习一下她消除人生中的不安的方法。如此，你就会想，如果自己模仿这种优秀女性的思考方式、做事方法的话，自己也一定可以变得很优秀。而这种想法，会使你接下来越来越自信于自己所做的选择。

我们对事物看法的转变，会使我们的人生也发生巨大的变化。当我们不再把遇到的问题看作试炼或失败，而是把它们看作成长的机遇，我们人生中的失败和不幸就会被一扫而光，剩下的，只有成长和幸福。

修正过去的选择的方法，
是从现在开始做得更好。

无惧年龄

如果你正在被年龄的问题所困扰，为人生短暂感到心痛的话，我有几句话，一定要说给你听。

潜意识的作用和你的年龄无关。

所以，请你不要用年龄来限制你自身的无限可能性。请你对当下的魅力抱有更多的认可和自信。

在我看来，女人的魅力是随着年龄的增长不断增加的。十几、二十几岁的少女,自然是有着青春的魅力。但是三十几岁的女人，事业小有成就，被生活打磨得

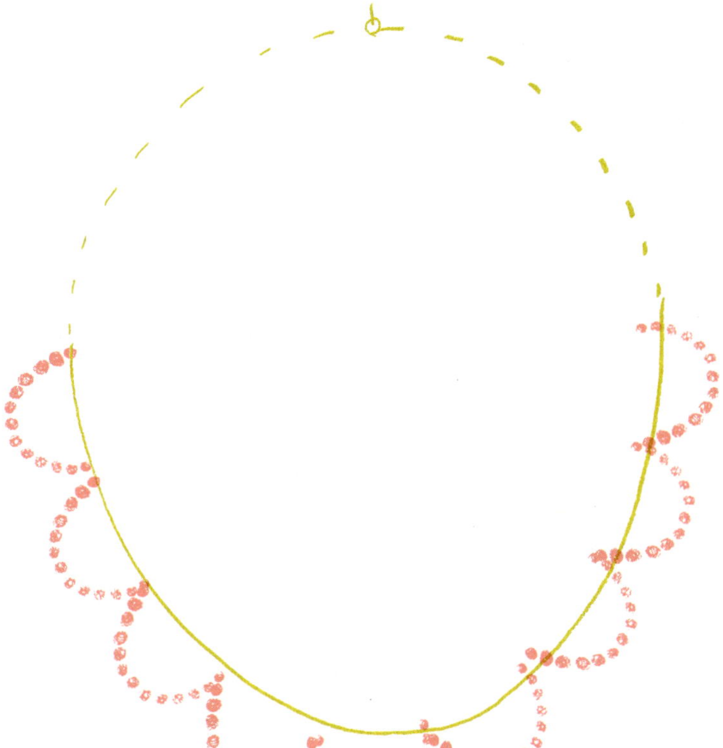

更加坚强，也有着属于这个年龄特有的魅力。40 岁、50 岁、60 岁、70 岁、80 岁……随着人生阅历的逐步累积，女人们会由内而外散发出更多更深层的魅力。

法国的传奇女性设计师可可·香奈儿在遗言中说道："年轻时的容貌是上天赐予的，50 岁时的容貌是自己赋予的。"我对此深表赞同。

像是昂山素季和希拉里·克林顿这样在世界舞台上活跃的女性，散发着属于她们的熠熠生辉的魅力。如果单看容貌的话，比她们更加漂亮的人还有很多。但是，她们之所以被誉为具有时代之姿的女性，绝不仅仅是因为外在的容貌而已，而是因为她们有着比美丽容颜更加动人的魅力。

也就是说，只要你跟随本心，把握当下，努力拼搏，就可以释放出无关年龄的巨大魅力。而这种由内而外散发出来的魅力，将持续不断地给你带来更多美好的人、事、物。

所以，从现在开始，请你不要再一边叹息着“唉，我已经……岁了”，一边否定自己、放弃自己了。你所经历的人生都是正确而美好的，请你认可并接受这一点。

当你开始把自己从年龄的桎梏中解放出来，你就会遇到更多同样不被年龄所束缚的美好的人、美好的事。而这些，就是你的潜意识发挥的作用。

其实很多问题都不是年龄的问题，而是你内心的问题。当你学会拥抱自己，认可自己当下的魅力和优秀，你的人生就会拥有无限可能性，变得更加闪耀而宽广。

任何时候开始，都不算太晚。

洗涤过去的痛苦

我们所有人，都有着不愿回想的过往吧。那些难以向他人言说的失败和耻辱，那些我们拼命想要忘记却又始终忘不了的过往伤痛，总会在某个瞬间突然涌上心头，搅乱我们的思绪。

但我希望，从现在开始，你可以试着将自己的心从这样的伤痛中解放出来。而解放内心的最好方法，就是赋予过往一个崭新的意义，也可以说是洗涤过去。只有如此，才能将你的心从压抑、昏暗的过去中解放出来。

对于我们大多数人来说，不安、恐惧等负面记忆要更加深刻。所以，不管我们多努力地让自己回想那些记忆中的温暖，总还是会在不经意间勾起很多不好的回忆。但是，也请你对此放宽心，千万不要因为总

是想起不好的回忆而陷入一种“自己不行”的焦虑中。在这种时候，与其强迫自己回想美好的回忆，倒不如赋予不好的回忆以新的意义。

曾被人辜负、背叛也好，曾在失恋后陷入无尽的绝望也好，我们要做的，不是自遮双目、刻意忘却，而是试着去接受它，站在客观的角度上分析它。只有如此，你才会意识到自己在经历失败和痛苦过后的成长，才会意识到曾经的伤痛带给你的蜕变。痛苦本身就充满了魅力。所以，比起那些一路顺遂、没有经历过一点波折的人来说，能够化失败和挫折为前进动力的人更具有吸引力。也就是说，换个角度来看的话，那些失败、痛苦的过往，其实也帮助你发掘出了自身熠熠生辉的魅力。

如果你可以这样想的话，那些让你备感痛苦的往事就会被赋予很多积极的意义,从而变成正面的回忆。这样一来，你也就真正做到了洗涤过去。从此以后，当你再次想起那段往事，脑海中浮现的将会是它所代表的积极意义。而这段积极向上的回忆，就再也不会对你造成任何伤害了。这时候的你，可以说已经完全从过去的枷锁中解放了出来。

我们常说的“清理过去”，其实就是在说赋予往事以全新的积极意义。我们要相信，生命中所有事情发生的意义都是为了让我们获得成长。失败也好，痛苦也好，这些其实都是我们生命中一笔宝贵的财富。

只要你用这个方法洗涤过往的回忆，重新赋予它们积极的意义，你就一定会成为一个魅力无穷、光彩照人的人生赢家。

赋予过往的伤痛和失败全新的意义，它们就会成为你生命中的宝藏。

致被离别所伤的你

我们所有人都经历过离别。就像井伏鳟二所译的那句诗一样："花发多风雨，人生足别离。"

话虽如此，但是太多和爱人分离、被失恋困扰的人都在承受着无尽的悲伤和寂寞。而且，面对无法忘却昨日恋情的自己，你很有可能还会陷入深深的自责中。

如果实在是苦于这别离的辛酸和寂寞，请你停止对自己的责备，抛开一切顾虑，痛哭到天明试试看。当你的情绪稍稍得以发泄后，请你再冷静地重新思考一下"离别"的意义。

不管是主动的分离，还是被动的分离，其实都是一种让我们拥抱未来新际遇的“通过礼仪”，或者说，是一个让我们重新出发的契机。但是，这里说的重新出发并不是完全的从零开始。拿游戏打比方的话，就相当于我们已经打完了一个关卡。离别也好，失恋也好，其实都是上天赐予我们的一个良机。上天想要借此告诉我们：为了升到更高级别，快进入到下一阶段吧。

上天好不容易给予我们一个进入人生下一阶段的机会，如果你总是被心酸、寂寞这样的消极情绪所拉扯的话，就很难迈出新的一步。所以，请你一定要好好珍惜这宝贵的机会。

当你冷静下来复盘过去的恋爱时，就会发现，当时的分开一定是有原因的。或许是因为三观、性格的不合，或许是因为一次激烈的争吵，又或许是被对方无情的言行所伤……如果当时选择继续维持恋爱关系的话，你受到的伤害可能会更深，可能远不如今天幸福。换句话说，失恋也好，离别也好，其实都是为了让你得到更好的成长、为了让你走向幸福人生所做出的最优选择。

当你意识到这点的时候，你就不会再被离别所伤害了。接下来，请你再试着发自内心地对那些离开的人说一句“谢谢你”。通过这份感谢，你的情感就可以完全重新出发了。

成长路上，我们必然要面对离别。但是，对于那些对离别抱有感恩之心的人来说，等待他们的，是充满了梦想和期待的明天。在潜意识的作用下成长得更加优秀的你，一定会遇到和你一样优秀而美好的人。

感恩离别，成长路上一定会邂逅新的美好。

遇不到命中注定的人

虽然有结婚的打算，但是总遇不到合适的人；总是感觉现在的另一半离自己的预期还差一点儿……面对这些情况，你可能会在心里疑惑：是不是我永远也找不到自己命中注定的灵魂伴侣了呢？被这个问题所烦恼的你，一定是一个纯粹而美好的人。因为这种关注无形世界的感性，对身心的成长来说是一件非常重要的事情。

但是，我也有一些话想要告诉这样善良的你：你的命中注定（灵魂伴侣）并不由他人决定，而是由你

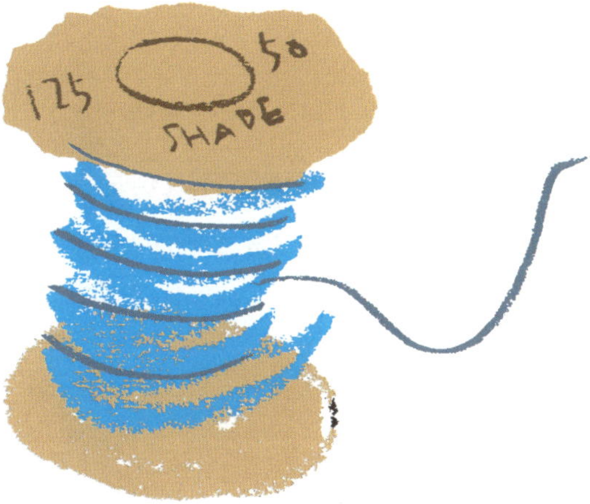
125
50
SHADE

COTTON

的心决定的。

我的一个女性朋友曾去找一个预言家咨询情感问题，并被告知“他就是你的灵魂伴侣”。但是在实际的相处中却发现，这个所谓的“灵魂伴侣”和她自己完全不合适。听了她的经历，我才深切地感受到盲目地听信他人意见是一件多么可怕的事情。

另外,在我看来,所谓的“命中注定”“灵魂伴侣”其实并不是一种先入为主的刻板定义，而是我们在和对方相处的过程中，发自内心感受到的“我和他的价值观真一致啊”“不知道为什么，和他在一起就会感觉特别安心”的这种感觉。所以,你再信任的人也好、再有权威的人也好，也没办法替你决定你的灵魂伴侣到底是谁。

而且，就算是灵魂伴侣，如果你们的价值观不一致的话，这段感情也不会发展得很顺利。我的那个女性朋友和她所谓的“灵魂伴侣”最后就是因为价值观不合而分开的。所以说，最重要的就是一定要相信自己的感觉。

如果迄今为止还没遇到属于你的那个他，也请不要着急，请相信一定有一段美好的邂逅在等着你。但是，也请你不要就这样站在原地等待，而是试着迈出哪怕一小步也好。比如说，参加一些有趣的集体活动，邀请一些合得来的朋友到家里聚会……当你开始一点点地让自己变得快乐而充实，在潜意识的作用下，你就会吸引到越来越多和你一样优秀而善良的人。在这条延长线上，你一定可以找到属于你的那个“命中注定”。

“美好的地方聚集着一群美好的人”“物以类聚，人以群分”……这些都是已经被脑科学证实的事实。

灵魂伴侣，是由你自己的心所决定的。

寻找属于自己的幸福

当你回顾过往的恋爱，却发现无一不充满了苦涩的回忆时，你可能就会陷入这样的焦虑：是不是我注定拥有不了美满的爱情呢？这种被不安所裹挟的状态确实是孤独又无助。

但是，即使你迄今为止的恋爱都很坎坷，也请你不要放在心上。因为它们其实都是为了让你在未来获得幸福的训练。所以，请你充分地认可、肯定那些过往的恋情。昔日的爱恋，是你通往幸福的必经之路。而一路走来的你，已经做得很好了。

当悲伤的心情稍稍缓和，请你试着训练自己，想象一下你心中美好恋情的模样。

去看看演绎出你所期待的美好恋情的电视剧、电影，和你认为拥有理想爱情的人聊聊天，或是读读描写动人爱情的书籍……通过这些方法，你就会慢慢地在自己心中植入幸福恋爱的画面。而这对于找到属于自己的幸福是非常有帮助的。

95%~99% 的人类行为都是由潜意识支配的。所以，训练我们的潜意识，让它充满美好的情感，是我们获取幸福的关键。

我遭遇过一场交通事故。但我并没有就此一蹶不振，而是情绪平静地接受了这件事。我没有把它当成一个挫折，而是把它当成了对我潜意识的一种锻炼。

为了让身体中的每个细胞，甚至 DNA 都充满积极向上的情感，我坚持说良言，读好书，做好事。这种对美好的追求点亮了我的整个人生，有时候甚至真的有让人难以置信的“奇迹”发生。

所以，追求美满恋情、幸福人生的你，请一定要多看好书、好电影，接触正能量的人、事、物。因为只有这样才可以使你的潜意识得到锻炼。当你坚持这样做的时候，你就会发现，无论多么痛苦的过往都会得到净化，而你的潜意识也会变得越来越向上、美好。到了这时，你就是一个拥有可以收获美满爱情的“易幸福体质”的人了。

追寻幸福第一步：

在脑海中描绘出你理想中的爱情。

加深夫妻间的牵绊

明明是因为爱情才结婚的，如今却越来越对对方心生不满。是婚姻已经走到了尽头吗？还是只是自己的问题呢？怀着这些烦恼的你，内心一定非常痛苦吧。

但是，这其实是你们夫妻两个人的问题，所以请不要再一直责备自己了。请坚定地告诉自己：曾经做出的选择也好，现在发生的事情也好，这些都没有错。

当心情稍稍平复后，请你再试着冷静地想一下，你心中理想的夫妻关系究竟是怎样的。

理想夫妻，不是用来和他人比较的，而是你们为自己谋求的一种幸福关系。比方说，和别人家的丈夫相比，你的老公虽然没有在社会上出人头地，但可能是一个品行非常好的人。而你朋友的老公，虽然工作做得风生水起，但可能会因为工作忽略了家庭，也没什么交心的朋友。这样的人，虽然工作非常出色，但是脱离了工作，就会陷入深深的孤独中。

我认识的一个在银行工作的男性朋友就是如此。结果就是，他的妻子在他退休前就提出了离婚。同样是在银行工作，另一个品性更加优秀也更珍视身边人的朋友，在退休了以后也一直家庭和睦，有很多知心好友，日子过得充实又美好。

所以，请不要再继续羡慕别人了。请你和伴侣一起携手，构建属于你们自己的幸福。对你来说，究竟什么才是幸福呢？请你一定要好好地思考一下这个问题。不过，如果你发现和伴侣实在是三观不合的话，也请你果断地为这段感情画上句号。因为夫妻间三观的不合是所有不幸福的根源。

为了加深夫妻间的牵绊，设定一些需要你们两人共同完成的小任务也是一个不错的方法。哪怕是非常微不足道的小事也可以。比如说，不管遇到什么困难，都要经常交流沟通，向着共同的方向努力前进，一起构建幸福人生的任务。这样一来，当你觉得对方眼里只有工作、一点儿也不顾家里的时候，当你们为了要不要孩子而产生分歧争吵的时候，只要回到原点，想一想你们共同的任务，就一定可以很平和地将这些问题化解。

夫妻间共同的小任务可以加深两个人的牵绊。

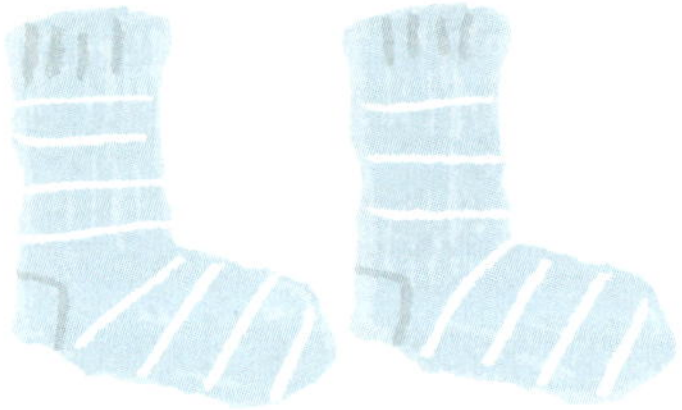

亲子关系的烦恼

亲子关系,不管到了多少岁都是一个复杂的问题。家长和孩子，特别是母亲和孩子，天生就有着医学和科学也无法解释的不可思议的能量联系。

在我看来，所谓的“孝顺”其实不是一个必须要做到的硬性标准。孝顺也好，不孝顺也好，重要的不是这个行为本身，而是我们对待父母的感情和态度。

可能很多人都会觉得，小的时候父母有很多做得不够好的地方。确实，没有谁的童年是完美的吧。

但是，也请你试着这样想想看：那些你觉得父母做得不够好的地方，其实也是给自己提的醒，提醒你自己反思一下，是不是你对自己的孩子也有这些做得不够好的地方呢？这样想的话，你就会感恩于父母对你的奉献，而把他们做得不够好的行为当成反面教材。如此一来，你就可以做一个非常优秀的家长了。

这个世界上，不存在绝对完美的家长。如果爸爸很完美，妈妈也很完美的话，孩子反倒没办法获得成长了。精神上也好物质上也好，如果你给予了孩子想要的一切，他可能就会忘记感恩，会把你对他所有的付出都当成理所当然，然后慢慢成长为一个不懂感恩的大人。

正因为你不会对孩子有求必应，他们才会懂得感恩。常对事物怀有感恩之心，会让你过得更幸福。怀有感恩之心的人，也更容易等到上苍的眷顾。所以你可以这样想，如果你是被一对完美的父母教育成长起来的话，你可能不会成长为如今这般幸福的模样。

当你开始这样想的时候，你和父母的关系就会慢慢回温。然后在某一天，你就会突然意识到：能够成为他们的孩子，实在是太幸福了。

而遗憾的是，很多人在父母永远离开之后才意识到这点。早些也好，迟些也好，你一定要相信，这份真挚的感情一定会在你心中萌芽。怀着这份相信，你的心就会变得更加自由，你和父母的关系也会变得更加和谐。

世界上没有完美的父母。当你意识到这点的时候，你就真的长大了。

致苦于选择医生的你

“怎么才能找到好的牙科医院呢？”在我进行全国巡回演讲时，很多观众都会问我这个问题。确实，这是很多人都有的困扰。而作为牙科医生的我，是没办法对这个问题视而不见的。

但遗憾的是，如今的医疗现场情况确实不尽如人意。真正的治疗，应该是体察患者的心情，安抚患者的内心，然后在技术上发挥到最好。这也是一个医生应尽的义务。但是，很多患者都会觉得医生并没有体谅自己的情感。可能很多医生专注于知识和技术，确

实没办法分心照顾患者的情绪。但是在我看来，能够体察到患者情感的医生，才是一个好医生。

作为一名医生，我体察到了患者们的情绪。所以，我想把下面的话说给你听：

请你一定要放下心中对治疗的不安和恐惧。如果你放任这种不安的情绪，它就会在你的心里大肆蔓延开来。如果你想要终结这种不安的状态，你就要勇敢地接受治疗。而我，也会尽全力地帮助你。如果你对治疗不满意的话，我们就沟通到你满意为止。

我还遇到过一个患者，他在别家医院留下了非常糟糕的回忆，可是到了我这里，竟然在安心之余落下泪来。在看到他泪水的那一刻，我就在心里暗暗发誓，以后一定要致力于改变医疗状况，让所有医生和患者都能做到心灵相通。

所以，如果一个医生使你的情绪变得糟糕，你大可以换个医院，换位医生。虽然不能说数不胜数，但我相信，还是有很多好的牙科医院的。如果你一直怀着“我一定要找一位好医生”这种想法，在潜意识的作用下，你一定可以遇到一位良医。

在找医生的时候，也请你不要什么都听别人的意见，你自己的感觉才是判定一个医生是否适合你的关键。因为只要是自己做出的选择，就算失败了，也不会太过后悔。而且，即便是你自己选中的医生，若在日后的治疗中发现他并不适合自己的时候，也能果断地把他换掉。

只有坚持自己的想法，才能选到一个适合自己的医生。请你一定不要忘记：真正的好医生，一定是一个能够体察你的心情、缓解你的焦虑的人。

真正的好医生，可以和你心贴心。

重要的人突然病倒了

家人、恋人、朋友……某个对你很重要的人突然病倒了。这本身就很让人难受了，再加上护理、照料这些事情，更让人烦闷不堪。

可能还有一些人，遇到这种事情连个帮忙的人都没有，只能独自承担这种种辛苦。比方说，当你的父母病倒了，但是自己以外的兄弟姐妹却没有一个来帮忙照看的时候，你的心里一定会生出不满、责备的情绪。于是，看护病人的辛苦加上心中和家人的芥蒂，你的心情变得更加糟糕了。

如果你自己照料亲人实在是太过辛苦，请你哪怕叫一位护工来帮忙也好，也可以稍微减轻一些你的压力。当你的心情慢慢好一些了，请你再好好地想想，身处这种情况的你，是不是其实很幸福呢?

照顾病人确实很辛苦，但辛苦中也有喜悦。帮病人做复健的时候，当他的手指稍稍动了一下，当他能够吃下哪怕是一口饭，你也会感到无比喜悦。哪怕是再也没法痊愈了，你和他也会拥有只有在那个情境下才有的交流。就算是连交流都没法做到了，只要你还陪着他，和他相伴同行的幸福记忆就会在不知何时涌上你的心头。这些都将成为你生命中宝贵的回忆。

如果你做到了倾尽全力、尽你所能，就算最后这个对你有着重要意义的人还是去世了，你也可以无悔地继续接下来的人生。

有很多人都是在亲人生前没有悉心照料，而在亲人去世后才沉浸在“那个时候要是多为他做些事就好

了”的无尽后悔中。所以，就算是没有人和你一起分担，也请你接受这个情况，不要抱怨，而是尽你所能去照料。当你这样做了，不管是病人，还是你身边的家人，一定都会无比地感激你。而这对你来说也好，对你所珍视的病人也好，都是一件极好的事。

人生中不管遇到了什么事，首先做的就是平静地接受它。如果你可以做到这点，你一定会变得越来越有魅力，收获越来越多的幸福。照料病人也好，照顾家人也好，都请你平和地面对。如此善良而美好的你，一定会吸引来和你一样善良美好的人。

好心有好报。你如今所做的这些事情，一定会在日后收获巨大的回馈。而且我一直相信，只有这样做了，你在日后才能做到无愧于心，自在地享受属于你的美好人生。

善良而努力的你一定会收获幸福。

学会接受重要的人的离世

虽然这样说很残忍，但是每个人都有每个人的命数。如果你经历了重要的人的离世，陷入悲痛无法自拔，请你试着这样想想看：他的幸福，可能并不在于长寿。也请你试着接受他死亡的事实，继续勇敢地走下去，去追求你自己的幸福人生。然后在接下来的人生中，缅怀逝者。这可能就是给逝者最大的安慰了吧。

如果留在世间的你一直陷入难以自拔的悲伤和悔恨中，你所爱的逝者就算到了天堂也不会幸福。只有你从悲伤中走出来，坚强地继续接下来的人生，才是对逝者最好的缅怀。就算你们已经阴阳两隔，但是你们的心还是连在一起的。我一直相信，就算人死了，他的灵魂也会继续活在世间。

当你发现自己对逝者的记忆渐渐模糊的时候，也请你不要自责，而是告诉自己，他永远会活在自己心中的。对于还留在世上的人来说，他们能做的，其实也就不过如此了。

如果可以回到过去，在故去的人还在世的时候，勇敢地把“谢谢”“对不起”“我爱你”这些话向他们说出来，那么还在世上的人也不会陷入那么沉痛的悔恨了吧。正是因为我们没办法回到过去，所以生者只能抱着后悔的心情继续生活下去。

但是，对于逝者来说，他们也不愿看到你一直沉浸在悲伤的情绪中不能自拔吧。他们更希望看到的，是你脸上幸福的笑容。

所以，如果你永远地失去了这个很重要的人，请你一定不要一直责备自己。只要在接下来的人生中，继续在心里为他们留一个位置，这就足够了。

在你的心中，有着只属于你的对于逝者的回忆。他们虽然离开了这个世界，但是给你留下了无比珍贵的回忆。只要你在心中保留着这份回忆，在接下来的人生中，他就会一直陪伴着你。我一直以来就是这样做的。

我相信，虽然他们已经不在人世，但是他们一直以另一种方式默默陪伴、守护着我。

就算阴阳相隔，他们也会一直陪在你身边。

拥抱悲伤

人总会借着一个契机从悲伤中走出来,勇敢向前,继续自己的人生。而在我看来,跟悲伤告别最重要的条件就是:停止自责。

我认识的一个朋友,他看着自己的女婿为工作所烦恼,觉得实在是可怜,于是就劝他调来自己的公司。但是,在到新公司的一周后,他的女婿突然自杀了,并且在遗书中提到,他在之前的公司遇到了霸凌,所以非常烦恼,到了新公司后,虽然很努力地想要开始新生活,但是总也走不出过去的阴影。在遗书的结尾,他还工工整整地写道："岳父岳母，非常感谢你们对我的关心和帮助。给你们添了这么大麻烦，真的非常抱歉。我的妻子和孩子以后就拜托你们了。"看到这封遗书后，我的这位朋友一边痛哭一边陷入了深深的自责，他觉得是自己把这个可能有点儿认真的女婿给逼死的。

我非常想把这位朋友从悲伤中解放出来，所以考虑再三过后，我跟他说了下面这些话：

"如果你被悲伤的情绪所包围，请你一定不要再自责了。就算你再自责，也不会让大家的生活有任何好转。比起自责，你可以在心里默默地请去世的女婿在天堂和你一起守护你的女儿和外孙，请他在另一个世界助你一臂之力。而你，也会永远在心里怀念这位曾经的女婿。我想，这就是对他最好的缅怀了吧。对过世的女婿的回忆、对女儿和外孙的守护、对家人的关怀，你的心里只存放着这些情感就好了。"

听完我的话后，他恍然大悟般地对我说道：“确实啊，只要这样做就好了。以后我一定每天都在灵牌前祈求他守护好我的女儿和外孙。”说完，一脸轻松地和我告别了。一别数年后，我最近又遇到了这位朋友。他愉快地和我说着已经长大的外孙的事情，丝毫不见曾经的挣扎和痛苦。如今的他，已经不再陷于自责，而是彻底地从悲伤中走了出来，积极阳光地过着属于自己的人生。

当你可以平静地拥抱悲伤、不再自责时，你就真的可以从悲伤中解放出来，勇敢迈向人生的新篇章了。所以请答应我，不管遇到了什么样的事情，都请你一定不要责备自己。

请不要再自责下去了。

创造美好命运

我们最近常常提到“言灵”。其实，从医学角度来看，它也是一个很美好的东西。我们使用的语言，其实是可以影响我们身体分泌的荷尔蒙的。而且，从脑科学的角度来看，使用积极的言语可以让我们的情感也变得更加积极，而这可以使我们的身体机制朝着更好的方向发展。反过来说，如果我们经常使用一些恶毒的言语，就会产生很多负面的情绪，从而使身体机制朝着负面的方向发展。这就是“言灵机制”。

不过,批判这些想法不具有科学性的人也有很多。

AOÛT 20
M 1
J 2
V 3
S 4

现在的科学还没办法做到面面俱到，所以持有不同的想法是一件很正常的事情。而且，随着不断的讨论和研究，最新科学的发展一定会伴随着批判的声音。

所以我一直抱有这样的想法：我的真实所想就是我自己的科学。不光是科学，在做其他选择的时候，我也会坚定地听从自己的心，选择自己的真实所想。而到目前为止，我还没有选错过或是后悔过。

还有一点也很重要，那就是不要想得太多。尤其是自己专业领域以外的事情，千万不要总是纠结于一些很细小的点，而是要乐观地相信：让自己感到快乐的事情就是正确的事情。只有这样，你才可以将人生的方向盘握在自己手上。而这，也是让心思善良的你更加快乐、更加幸福的关键。

让自己觉得快乐的事，

才是最正确的事。

让自己的人生无悔

有些人经受了家人的离去，还有一些人经历了与朋友和爱人的分离。我们所有人，都经历过这种艰难的人生离别。而当回想起与那个人还在一起的时候，总会想着“那时候我要是这样做就好了”“为什么那时候我不对他好点呢”，然后陷入深深的自责和心痛之中。

我也曾被这种后悔和自责的情绪环绕过，直到我看到了美国女诗人的诗《如果我知道》：

“如果知道明天不会到来，我一定会在今天，向你表达我全部的爱意。”

这是她为了纪念年幼去世的孩子而写的一首诗。看到这首诗的时候，我真的感到非常震撼。也是从那以后，我开始重新思考，究竟怎样才能让自己的人生不要留下这样的遗憾。

而我最终得出的答案就是：尽我所能。如果你可以对一个人做到 10 分，而你做到了 5 分、6 分，日后你后悔的几率会很大。而如果你尽力做到了 8 分、9 分、10 分，就算日后分离了，你也不会感到后悔。只愿尽己所能，在与那个人相处的日子里全心待他。这样的话，就算日后面临着分离，在经受了短暂的心痛和悲伤后，因为你已经尽你所能地去做了，所以就不会陷入后悔的情绪里。如此，你一定可以走得越来越好。

所以现在我和别人接触的时候，也总是想着要尽我所能。在觉得和对方聊不来、相处不来的时候，只要抱着“如果明天失去他的话，我会怎么样呢”的想法，

就不会再觉得不想和对方相处了。如果想着今天可能就是最后一天的话，就不会再想着向对方索取，而是会想不断地给予对方自己的爱，就会想着向对方表达自己一直以来的感恩之心。慢慢地，你心中悔恨的阴霾就会被驱散。其实，给予比索取更能让人感受到幸福。

比起默默地等待着对方为自己付出，自己为对方付出其实要更幸福。这也是治愈你心中悔恨伤痛的最有效、最便捷的方法。当你试着这样做的时候，你的恋爱关系、人际关系，也一定会收获一个不留遗憾的完满结局。

比起索取，付出更重要。

请记住：尽你所能。

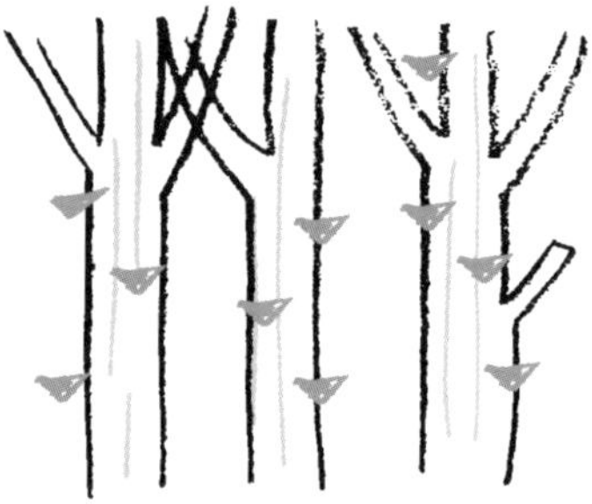

结语

作为一名牙医，我不只想要治疗好患者的牙齿，更想要帮助他们构建一个更美好的人生。我想要把我的知识、智慧传递给我的患者，尽我所能，帮助他们走向幸福的人生。

比如说，我会尽我所能，帮助那些对年龄感到焦虑的女生，对她们进行牙齿美容，让她们年轻 10 岁、20 岁。对于那些想要变得更美的女生，我也会帮助她们进行笑容训练。

在我看来，全力实现患者的愿望，给他们以心灵

的安慰，才是一个医生应做的本职工作。我也会把这个想法一直贯彻下去。

如果说这本书可以稍稍平缓你的心痛，治愈你的伤口，帮助你回归到你本来很优秀的样子，我将会非常高兴。

祝你们每一个人，都能够平安、幸福。

2012 年

井上裕之

图书在版编目（CIP）数据

不那么坚强也没关系 / （日）井上裕之著 ； 周唯译.
-- 北京:北京时代华文书局,2019.2
ISBN 978-7-5699-3330-7

Ⅰ. ①不… Ⅱ. ①井… ②周… Ⅲ. ①人生哲学一通俗读物 Ⅳ. ①B821-49

中国版本图书馆CIP数据核字(2019)第280538号

不那么坚强也没关系

BU NAME JIANQIANG YE MEI GUANXI

著　　者 | [日]井上裕之
插　　图 | [日]石坂志津香
译　　者 | 周　唯

出 版 人 | 陈　涛
策划编辑 | 周　磊
责任编辑 | 周　磊　刘　磊　邹　红
装帧设计 | 孙丽莉
责任印制 | 刘　银　范玉洁

出版发行 | 北京时代华文书局 http://www.bjsdsj.com.cn
北京市东城区安定门外大街 138 号皇城国际大厦 A 座 8 楼
邮编：100011　电话：010－64267955　64267677
印　　刷 | 小森印刷（北京）有限公司　010-80215073
（如发现印装质量问题，请与印刷厂联系调换）
开　　本 | 787mm×1092mm　1/32　印　张 | 4.5　字　数 | 43 千字
版　　次 | 2020 年 6 月第 1 版　印　次 | 2020 年 6 月第 1 次印刷
书　　号 | ISBN 978-7-5699-3330-7
定　　价 | 42.00 元